U0193330

少年探险家

Ogni bosco ha la sua anima

狼群危机

[意] 萨拉 · 拉塔罗 著
张密 陈禹名 译

青岛出版集团 | 青岛出版社

山东省版权局著作权合同登记号 图字：15-2024-26 号

图书在版编目（CIP）数据

狼群危机 /(意) 萨拉・拉塔罗著 ; 张密 , 陈禹名译 . — 青岛 : 青岛出版社 , 2024.6
ISBN 978-7-5736-2217-4

Ⅰ . ①狼… Ⅱ . ①萨… ②张… ③陈… Ⅲ . ①狼—儿童读物 Ⅳ . ① Q959.838-49

中国国家版本馆 CIP 数据核字 (2024) 第 080032 号

	LANGQUN WEIJI
书　　名	狼群危机
丛 书 名	少年探险家
作　　者	[意] 萨拉・拉塔罗
译　　者	张　密　陈禹名
出版发行	青岛出版社
社　　址	青岛市崂山区海尔路 182 号（266061）
本社网址	http://www.qdpub.com
策　　划	连建军　魏晓曦
责任编辑	吕　洁　邓　荃　窦　畅
文字编辑	江　冲　王　琰
美术编辑	孙　琦　孙恩加
制　　版	青岛新华出版照排有限公司
印　　刷	青岛海蓝印刷有限责任公司
出版日期	2024 年 6 月第 1 版　2024 年 6 月第 1 次印刷
开　　本	16 开（710mm × 1000mm）
印　　张	5.75
字　　数	57 千
书　　号	ISBN 978-7-5736-2217-4
定　　价	28.00 元

编校印装质量、盗版监督服务电话　4006532017　0532-68068050

目录

妈妈的故事

妈妈从不与我一起阅读任何有关狼的童话故事。她更喜欢向我讲述真实的故事。因此，我和同学们不一样，不知道“小红帽”是谁，不理解三只小猪为何非得离开好好的房子。

在一年级时我就意识到，我对一些事情的看法与其他人相距甚远。有一天，同学们因为一个童话故事发生了一场争吵。故事的主人公是一个戴着小红帽的小女孩。同学们问老师：“小红帽的外婆怎么可能没有注意到门口有一头凶猛的野兽呢？”而我则一脸茫然地问：“小红帽是谁？”

其实这种情况很容易解释。我的妈妈是一位全球知名的动物行为学家，我的生活中经常有一些特别的场景

出现。例如，当我上床睡觉时，妈妈会在我的床边，给我讲述关于她拯救、观察或照顾过的真正的动物的故事。

那天我回家后，向妈妈讲述了小红帽的故事。她熄灭了锅底下的火，盯着我看。

“那个‘坏蛋’肯定不是狼，我可以确信这一点。唯一的解释是，它可能是狗和狼的杂交品种！”她非常清楚自己在说什么，“其实，比起人害怕狼，狼更害怕人。”

很久以后，一通电话不仅把我们带到了一个我从未去过的国家，而且颠覆了妈妈告诉我的一切：狼从不攻击人类，除非它们处于危险境地或受到人类的威胁。

可疑的袭击事件

接到那个令人不安的电话后又过了几天，我们动身前往加拿大的魁北克省。

来电者是约翰，他是一名生物学家，也是妈妈的同事和老朋友。他恳求我的妈妈过去帮他一把。

“只有你能帮我弄清楚发生了什么……”约翰恳求道。

原来是一位徒步旅行者遭到了狼的袭击，他的胳膊和腿受了重伤。负责监测该区域动物的生物学家不知该如何应对这种情况。有人在当地的一家报纸上接受采访，淡化了这件事。报道称，狼群是出于恐惧才袭击了人类，也可能是因为讨厌与人类共存，或讨厌压迫它们的人类文明。这篇报道非但没有让人们平静下来，反而使大家更加紧张。如果狼群开始攻击人类，那么可能没有人能再在那片地区过上平静的生活，同时，当地相关机构进行干预的风险程度也会变得非常高。

就这样，两天后，我和妈妈一起搭上了去往加拿大的飞机。我将在加拿大度过我的假期。这样看来，情况还不算太差。

“你担心吗？”我问妈妈。

妈妈合上手中的笔记本，把它放到腿上。她可能正在翻阅关于狼的重要研究记录。她转头看向我，说：“我从来没有听说过狼对其他捕食者有过这样的行为……”

“捕食者？可那个人只是一个徒步旅行者啊！”我说。

“对狼来说，人就是捕食者。”

“可是狼要强壮得多。”

“是的，但是通常情况下，狼害怕人类出现，因为它们很难把人类当作猎物。狼的暴力反应只发生在它们受到强烈挑衅的情况下。即使攻击，它们通常也只会对人类的四肢进行小范围撕咬。这更多的是一种警告……”

“那你认为它为什么要袭击那个徒步旅行者呢？”

“这正是我要调查的……”

三个新朋友

中午，我们降落在蒙特利尔机场，然后从那里乘飞机前往魁北克市（加拿大魁北克省的省会）。我们的目的地就是那里的雅克·卡蒂埃国家公园。

我很困，从起飞后，就没能好好休息。

“坚持住。”妈妈说道。

“不行了……我闭会儿眼睛！”

“你保持清醒的时间越长，就越容易倒时差。”她说。好吧，我试着听从她的建议，但我没能坚持多长时间。

当我们拖着行李走出机场的时候，约翰立刻跑来迎接我们。他和妈妈就像久别重逢的老朋友一样拥抱在一起。

“约翰，这是我的儿子萨穆埃莱。”

他紧紧地握住我的手。约翰长得又高又壮，长发被扎成马尾辫，身上的牛仔裤看起来像是穿了好多年。他拎起我们的行李，带我们来到停车场。

刚出机场，妈妈就给爸爸打了电话，让我跟爸爸问好。自从爸爸和妈妈分开后，我假期中有一半时间都在和妈妈环游世界，另一半时间则是和爸爸在海边度过。

上车后，我就一直在努力抵抗困意。此时已经是意大利的深夜了，我的眼皮变得越来越“重”。

“你知道吗，萨穆埃莱，国家公园里有三只漂亮的小狼……”

我睁大了眼睛。“我可以和它们一起玩儿吗？”这个想法让我一直保持清醒，直到抵达观察营。

营地中有许多小木屋。妈妈向我解释道，那些小房子里住的是生物学家，他们都参与雅克·卡蒂埃国家公园里的各种动物研究。

在向我们介绍了一些人员并讲解了如何进行集体生活后，约翰带我们来到了分配给我们的小房子里。放好行李后，他递给我们两件技术服和两双鞋底厚实的鞋子，方便我们在陡峭的岩石上行走。“我们去找小狼吧！”他说着，打开了门。

我们穿上鞋子，跟着他走了出去。

“它们被狼妈妈遗弃了……”约翰说。

我的妈妈犹豫了一下，然后摇了摇头。我知道她想说什么。这件事颇为蹊跷，当然，她更想知道这是否与那个徒步旅行者的遭遇有关。

“我们必须救这些小狼。”约翰继续说，随后把我们领进一个大围栏。这个围栏相当大，以至于我无法判断出它的周长。

我们来到一片岩石前，约翰屈膝蹲了下去，在巨石间的一个洞里翻找起来。

我简直不敢相信自己的眼睛！只见他抱出来两只小小的动物。那两个小家伙半闭着眼睛，看起来很像小狗。他把其中一只放进我的怀里，把另一只放进妈妈的怀里。它们扭动着身体，看起来那么滑稽可爱，又那么温柔脆弱。

“这是情况最糟糕的一只！”他把第三只小狼从洞里抱出来时，说，“它不怎么活动……我们得赶快采取一些措施。”他一边解释，一边走向围栏外的一个大棚。

我们来到一个小小的临时医务室。

医务室里有一个大纸箱，里面铺着一条毛毯。约翰抓起一个热水袋，把它裹进毛毯里。每当我肚子疼时，妈妈也会把那种热水袋放在我的肚子上。他示意我们将两只活泼的小狼放在裹着毛毯的热水袋上，方便它们取暖。

“它们需要吃东西。”他说着，便打开一包婴儿奶粉，还递给我两个奶瓶。

“你能给它们俩喂奶吗？”他问道。

在妈妈的帮助下，约翰照顾着第三只小狼。

给它们喂奶并不费劲。这两只小狼真是饿极了，用力吮吸着奶瓶，而它们的兄弟似乎并不想吃东西。这可不是什么好兆头。

“要每两个小时喂它们一次。”

约翰的话令我印象深刻，我承诺会按时给它们喂奶。强烈的责任心让我忘却了从意大利一路赶来的疲倦，我非常渴望照顾我的新朋友们。

“这两只小狼分别叫‘科林’‘阿尔努’，我们还没为第三只小狼找到一个合适的名字……你想给它起个名字吗？”约翰问道。

我犹豫了几秒钟，然后想起了曾在电视上看到的一条新闻：一个没有家人同行的男孩，在乘船入境意大利后的一天，徒手爬上一栋大楼，救下了一个马上要坠落的孩子。

“马马杜。”我选择用那位小英雄的名字为小狼命名。

妈妈笑了，看样子她也记得这件事。我相信，这个名字会给我的小狼朋友带来好运。

马马杜遇险情

在接下来的日子里，照顾小狼的任务并不复杂：我只需要将适量的奶粉倒入奶瓶中，用水冲好即可。不过，我必须确保毯子中的热水袋始终处于合适的温度，而且还要注意在往热水袋里灌水时不要烫伤自己。为此，约翰给了我一副大手套，那是他在寒冷的冬季里使用的。

第二天早上，妈妈把手放到我的肩膀上，说："听好，萨穆埃莱，你要认真、仔细地按照约翰说的去做！"

"好的，妈妈！"我做立正姿势，严肃地回答道。

我相信自己可以独立完成任务，尽管我知道，妈妈偶尔还是会因不放心而进棚子查看一番。

我遇到的真正困难是要同时喂两只小狼。科林和阿尔努不仅头脑机灵，而且反应敏捷。它们甚至可以自己进食，但前提是，我要确保它们不会在喝奶时把奶洒在毯子上。

小马马杜则需要我加倍细心地照顾。因此，我会先照顾那两只活泼的小狼，然后再把那只情况糟糕的小狼抱在怀里，将奶一滴一滴地慢慢喂给它喝。

其实，最困难的事情不是照顾小狼，而是倒时差。我不得不与强烈的睡意对抗。但是几个小时后，我就睡着了。

当我再次睁开眼、回过神时，我感到这次加拿大之行，与约翰和小狼们的相遇就像一场梦。我站起身来，过了几分钟才意识到我没有在棚子里，而是在我和妈妈的房间里。我踏出房门，刺眼的阳光让我眯起了眼睛。太阳高高地挂在天上，我猜想我睡得一定不算久。

我跑到小狼们所在的棚子里，心已经提到了嗓子眼儿。我怎么能“抛弃”马马杜和它的兄弟们呢？

“萨穆埃莱，你休息好了吗？”

在我抵达大棚之前，约翰叫住了我。

“呃，发生什么了？小狼呢？”

“昨天你睡着了，我把你抱回了房间。很明显，在经历漫长的旅行后，你和你妈妈都需要休息。”

“你是说，我睡了超过十二个小时？”

他回我一个灿烂的笑容。

“小狼呢？”

“它们很好。我已经考虑过了，如果你愿意，咱俩今天可以换班。我也可以歇一歇。”

当时，我特别想说一句：“相信我，交给我吧！”然而，我却没有这样的勇气。“我妈妈在哪儿？”我问道。

“她在工作，像往常一样……你应该了解她，除非她知道狼群发生了什么事情，否则她不会善罢甘休的。”

没错，我的确了解她，而且我也有点儿像她呢！

整个上午，我都和小狼们待在一起。马马杜的情况似乎也在好转。

“它喝了这么多奶……”当一位意大利兽医和妈妈在午餐前一起过来查看一切是否正常时，我一边比画着奶瓶里被喝掉的部分，一边冲他们说道。这位兽医抓起脖子上的听诊器，听了听小狼的心脏，然后冲我笑了笑，走开了。

下午，马马杜似乎更有生气了。它尝试着移动身子，把嘴巴放进我夹克的袖子里，就像想要被挠痒痒一样。过了一会儿，它又躺回我的手里。我把它放回窝里，开始给它按摩，希望这对它能有帮助。

妈妈端着托盘走进棚子。

“我给你带了点儿吃的。”

我再次睁开眼睛。我一定又睡着了。外面的光线变得昏暗，到吃晚饭的时间了。

“你知道吗，这让我想起了你出生的时候。”妈妈告诉我，并轻轻地抚摸着马马杜。

“我？”

“是的，在你出生后的最初几天里，我害怕让你一个人待着，就一直陪在你身边，就像你现在对马马杜一样。”她在我旁边坐下，看着马马杜。

这时，马马杜有些不对劲：它在颤抖。妈妈一下子站了起来，迅速找了一条毛巾把它裹起来。我们什么都没说，赶快跑去找兽医。

如果用一个词来形容此时的场景，那就是——争分夺秒。

“逃走”的狼妈妈

我在候诊室里坐了几个小时，直到兽医示意我进去。马马杜躺在玻璃保温箱里。

“它发烧了。”兽医告诉我，“现在我们只能等待……”

“它需要它的妈妈吗？”我用微弱的声音问道。

“我们所有人都需要自己的妈妈，不是吗？但是有时，大自然对自己的子民非常苛刻。如果它不是被我们发现，可能一天都活不了。至少现在它有了一丝希望，至少有希望……”

“它妈妈为什么要抛弃它呢？”我大声问道，尽管我并不想知道答案。

我无法想象，我的生活中如果没有妈妈的存在，会变成什么样子。尽管有时她工作很忙，但我知道她总是在想着我，只要我需要，她就会来到我身边。

“它的妈妈是在我们的帮助下成长的。动物如果一直独立地在野外生活，自然会学会一切，包括如何做一位妈妈——这对它来说是自然而然发生的。当动物被圈养起来时，繁殖行为就会逐渐消失，母性也会减少。小狼的妈妈并没有抛弃它们，只是怕自己无法成为一位合格的妈妈……”

我转过身来，看了看兽医，又回头看了看那只挣扎着想要活下去的小狼。

或许它的妈妈可以来到这里，也许我可以帮助它。

我跑去找约翰。我需要更多地了解马马杜的妈妈。

赢得信任

约翰向我介绍说："莉莉真的是充满野性。当我们发现它时，它早已受伤，浑身是蜱虫。它独自来到这里，也许是为了寻求帮助。我们花了一段时间才成功接近它。我们在它避难处的周围建起围栏，开始给它喂食。但要想在不惊吓到它的情况下抓住它并非易事。"

"你们做了什么？"

"我尝试赢得它的信任……"

"然后呢？"

"我走进围栏，坐在离它几米远的地方。我每天都这样做，直到它开始和我坐在一起。"

"然后呢？发生了什么？"我问道。

"它走过来咬了我的膝盖。"

"我的天啊！"

我的目光本能地落在他的腿上。我并没有发现约翰走路一瘸一拐的。

“别担心。它咬我不是要伤害我，只是为了告诉我，任何情况下都得是它说了算。”

“那你的反应是什么？”

“这是与狼交朋友的唯一有效途径：我躺在地上，把我的喉咙亮给它。”

“喉咙！”我感叹道。

“这是绝对服从的姿态。狼是高度社会化的动物，生活在规则明确和等级制度森严的群体中。你知道的，你妈妈在这方面是真正的专家。”

我盯着他。虽然妈妈经常和我谈起狼，但她只是指出，狼通常不会主动攻击人类。她还告诉我，某些情况下，当猎狗伤害或杀死羊时，人们由于不了解情况，会把全部责任归咎到狼身上。

“我用了两个星期才赢得它的信任。”约翰继续说着，“然后，我们才能开始照料它。”

“它怎么了？”

“它被枪击中了。”

“枪击？”

“幸运的是，它只是被打中了一条腿。但是伤口感染了，我们不得不给它截肢。”

“什么？”我尖叫起来。我没想到这个如童话般的故事的结局会如此糟糕。

我站在原地，盯着地面。莉莉的另外两只小狼在玩耍，而马马杜还在医务室里。“莉莉现在去哪儿了？”我好奇地问。

“它离这儿没多远。我们在发现它的地方给它留了一些食物。跟我来。”他说着，示意我跟他走。

我跟着约翰，沿着一条小路前进。我们离开了村庄，穿过了一片森林，爬过了一个斜坡。

约翰从口袋里拿出一个小袋子，从里面掏出一块肉，然后把肉放在两块巨石之间的缝隙前。那可能是一个巢穴，是莉莉躲起来睡觉的地方。

心系马马杜

那天在太阳下山之前，营地里所有的生物学家和兽医都聚集在一起。

我已经好几个小时没见到妈妈了，她正准备向在场的所有人汇报她收集到的有关狼的信息，以便大家了解为什么会发生令人如此震惊的事情。

我和其他人一起坐下来，希望能获得一些信息，从而帮助自己把计划付诸实践：把莉莉带回小狼们的身边，尤其是马马杜的身边——它非常需要它的妈妈。

“亲爱的同事们，如你们所知，狼通常成群结队地活动，”妈妈说，“狼群中的每只狼都有属于自己的角色和任务……每个狼群都有首领，就是我们所说的狼王。狼王是做出所有决定的那只狼，如去哪里、什么时候狩猎、如何保护小狼。狼群通过复杂的信号体系相互交流，如面部

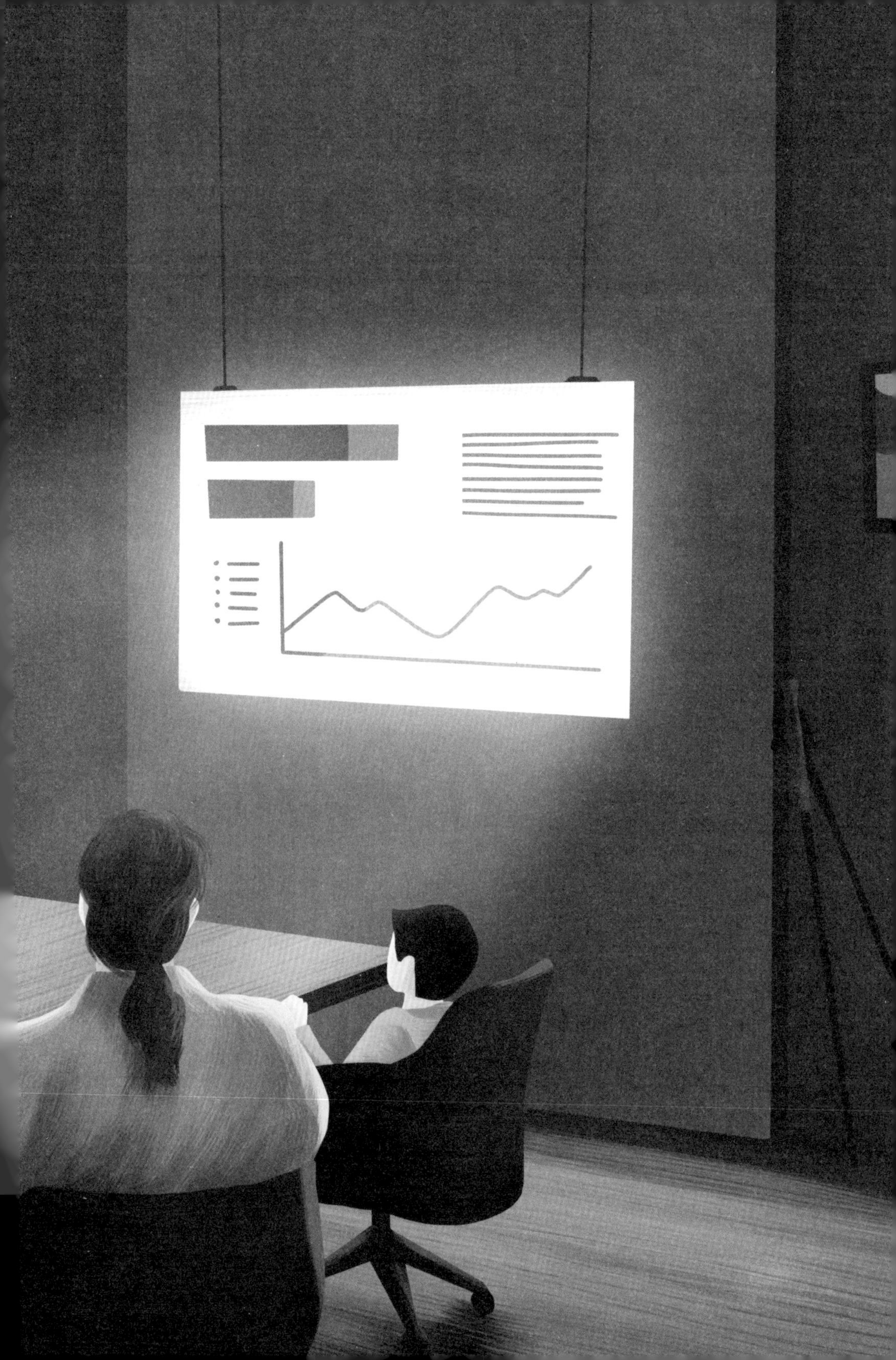

表情、尾巴的位置、嚎叫的方式等。一个狼群通常由七八只狼组成，但始终只有狼王夫妇可以繁衍后代……”

听完妈妈的解释，我决定回医务室看一看马马杜。于是我靠近约翰。

“我想去看一看小狼在医务室里的情况。”

约翰伸出手拍了拍我的肩膀，说：“去吧！我会和你妈妈说一声的。”

我走到门口时，转过身看了一眼。所有人都在盯着放幻灯片的屏幕。

“就算是食物，也会按等级在狼群中被分配。狼王拥有营养最丰富的内脏。其次就是‘战狼’，当狼群遇到危险时，它们会一马当先发起进攻以保护狼群，因此会以猎物的肌肉部位为食。最后是其他的狼，也就是狼群中的普通成员，它们被分配到的是猎物的其余部分，以及在猎物胃里存留的东西。”

我向医务室走去，心想：妈妈解释得很清楚，他们叫她来指导工作绝非偶然。

马马杜一直待在透明的保温箱里。它闭着眼睛，而我则盯着它的肚子。当我看到它动起来时，高兴得跳了起来。它还活着！

“等一下，小家伙，我这就去找你的妈妈。”我一边和它说话，一边把手放在保温箱的玻璃罩上。

我回去后，一边听着妈妈讲话，一边思考可以在哪里找到狼妈妈。小马马杜承受了太多。

会议仍在进行，一位科学家问道：“如果遇到一只狼，我们能不能给它冲好的奶，让它进行自救？”

房间里响起了一阵笑声。

“差不多到这里吧……”妈妈在会议结束时说，然后邀请大家一起吃晚饭。

莉莉回来了

那天晚上，吃完晚饭后，我和妈妈回到了房间。

“你还好吗？”

“我很担心马马杜……”我回答道，“你认为它能挺过去吗？”

妈妈犹豫了一下，说：“但愿吧，小狼的反应是不可预测的。”

“那你认为，如果它的妈妈回去照顾它，它会好些吗？”

“当然。妈妈的爱总会对孩子产生积极的影响……”

“那被妈妈遗弃的孩子呢？”

妈妈瞪大了眼睛，在我旁边坐了下来。她伸出手，紧紧地搂着我，说：“宝贝，狼妈妈并不是因为不想要小狼而遗弃它的。它自己受了伤，身体无法正常恢复，可能也还没有学会抚养孩子所需的所有技能。我认为莉莉不知道

如何是好，因此只能把孩子们托付给约翰。它信任约翰。”

我长长地叹了一口气，钻进被窝里。“你总是说狼的本性是好的，它们从不以嗜血为目的而发起攻击，但是我今天看到你在幻灯片中展示的，都是狼丑陋的一面。一群狼在追逐一只可怜的鹿……那么多只狼在攻击一只动物……这不就是残忍吗？”我问妈妈。

“正如你看见的，宝贝，狼群狩猎是一件非常复杂的事情。狼群不会随机进行攻击。当狼王嗅到猎物时，通常会选择已经受伤的猎物作为目标——狼更容易追踪猎物在空气中留下的血腥味。当情况有利于发动进攻时，狼王会向狼群成员发出准确的命令，它们会在杀死猎物之前包围猎物，震慑住它……”

“你不觉得这一切很可怕吗？”我惊慌失措地问道。

“受到惊吓的动物会产生肾上腺素，这是一种我们人类也有的东西。猎物越害怕，狼能吃到的猎物体内的肾上腺素就越多，就更有利于狼群通过尿液留下痕迹、标记自己的领地，从而向其他狼群发出强烈的信号。让猎物牺牲，实际上是在保护自己的家人。”

“你是说，你也会为了救我而杀人？”

妈妈转过身来看着我，好像后悔告诉我那些关于狼的细节。“萨穆埃莱，所有的妈妈都会为了拯救自己的孩子而做任何事情，但这些不是我们现在应该考虑的事情，好吗？”

我无法入睡。我一直在想马马杜的妈妈。等到妈妈睡着了，我从床上滑了下来，溜出了我们的小屋。

月亮高高地挂在天上，几乎是满月了。我走到医务室，但门是关着的，我也无法透过窗户往里看。于是，我去了棚子。我想抚摸一下科林和阿尔努。

当我走近小屋时，看到一个影子在黑暗中移动。我愣住了。我确信在黑暗中有什么东西在盯着我。

我想起了妈妈给我讲的故事。这一回，我明白了什么是肾上腺素。

我感到自己的心怦怦直跳，直到我看到一道黑影划破月光——一只狼向树林里跑去。不过……有点儿奇怪。它只有三条腿。

“莉莉——”我呼唤道。只过了几秒钟，黑暗就吞没了它。

我松了一口气，等了一段时间，冻结在我身体的每一块肌肉里的恐惧感才逐渐消散。

之后，我笑了。我是对的，莉莉没有抛弃它的孩子们。

袭击羊群事件

第二天早上，我挣扎着起了床。前一天晚上，我试着在外面多等了一会儿，希望能看到莉莉回来。但我没能如愿。回到房间里后，我仍无法入睡，心里很焦躁。

当阳光透过百叶窗照进来时，我烦躁地把脸埋进枕头里。

“你应该去看一看马马杜。”妈妈的话说服了我。

“我今天也得和兽医们聊一聊。他们很可能需要有人代班几个小时……”

在妈妈惊讶的目光注视下，我起了床，并且脸上挂着灿烂的笑容。通常情况下，每次为了叫我起床，妈妈都得煞费苦心。

早餐后，我赶到医务室。我发现马马杜睁着眼睛。这似乎是个好兆头。

多亏了妈妈，她向我传授过关于狼的行为知识，我可以用学到的知识让我的小狼朋友安静下来。“你妈妈没有抛弃你。昨晚我看到它了。它就在这里徘徊……我敢肯定它在找你！”

然后，我按照兽医离开之前的嘱托，把手伸进马马杜的保温箱里，把奶瓶送到它跟前。

一切似乎都很平静，直到我听到几辆车发出的噪声和几个人跑来跑去的声音——好像发生了什么事情。当我向外看时，约翰、妈妈和其他几个研究人员正在会议室外激烈地争论着什么。

“发生什么事了？”我问正要回来工作的兽医。

“有几只狼袭击了羊群，咬死了几只羊……”

没等他说完，我已经跑到了妈妈身边。

“亲爱的，你必须留在这里，约翰和我要去看一看发生了什么。”

“它们为什么要这样做？”

“我不知道，但如果我们不弄清这件事，狼和牧羊人可能将无法共存下去。”

“我可以和你一起去吗？”我恳求道。

妈妈同意了。她给我提了很多要求，最重要的是告诉我不应该做什么。当然，还有一点很重要，那就是我必须学会保持冷静。我感觉如果我能隐身，那就更好了。

我们要去的地方并不近。一路上空无一人。当我们到达目的地时，我惊讶得张大了嘴巴。妈妈转身想挡住我的视线，但为时已晚，我已经看到了那可怕的景象。

一只狼倒在血泊中。有人开枪打死了它。

妈妈和约翰下了车，走进农场。一个穿着旧毛衣和橡胶靴的男人向他们走来。

我解开安全带，跳下车。

“发生什么事了？”约翰问。

“它们从树林里蹿出来。第一只狼引开了我的猎狗，等我的狗都离开领地后，其他的狼来了，一拥而上带走了一只羊……它们‘制订’了一个狡猾的计划。这群可恶的家伙！”

虽然我没有看到妈妈的脸，但我确信她一定是一副愁眉苦脸的表情。她应该有很多话要说，但目前只能保持沉默。

之后，一只大狗从草料仓中探出头来。我只能看到它的脸和隐隐露出的脖子上戴着的巨大项圈。它好像被拴住了。

“这是第一次发生这种事情吗？”约翰继续问道。

“是的，我希望这次血淋淋的教训是第一次，也是最后一次！”

当我们回到车上时，约翰接到了一个电话。

“这个消息正在扩散，牧民们非常担心。他们都在武装自己。如果我们不弄清事情的原因，他们可能会要求消灭狼群。”

我瞪大了眼睛。一想到马马杜和它的兄弟们，我就忍不住想哭。

妈妈握住我的手。“别担心。”她低声向我说道。“你有没有注意到，我们一路上没有遇到其他任何动物？”她问约翰。

“确实蛮奇怪的。”

“为什么我们不多走一段路呢？我们去找一找水源吧！”

“你在想什么？”妈妈问我。

“我只是认为，狼群冒着那样的风险发起进攻，一定是有原因的。它们可能已经好几天没吃东西了。那么它们的食物又在哪儿呢？”

约翰放慢了脚步，似乎并不着急。他环顾四周，试图在林间空地上找到一些线索。妈妈也是。

“难道方圆几十千米都没有大型食草动物的踪迹吗？”妈妈问道。

“它们一定去了公园的另一片区域。但是为什么呢？”

“我们必须找出答案。同时，我们还要面临另一个问题。”

“什么问题？”

“被杀死的狼可能是狼群的首领，这意味着现在周围有一群狼，它们没有领袖，而且非常饥饿。”

我观察着妈妈的表情。她很担心，非常担心。

当我们回到营地时，我先赶到马马杜那里，然后又去了科林和阿尔努那里。

妈妈和约翰召集了其他同事，向他们说明了发生的事情。他们需要收集更多的信息来解决问题。鹿群为什么会移动到其他地方？失去首领的狼群会怎么办？

我本来很想和他们一起想办法，但现在我有更重要的事。

那就是照顾莉莉和它的孩子们。

丛林遇险

等到达营地几分钟后，我去了厨房。我尽量不发出任何声音地走进去，希望能马上找到我要找的东西。幸运的是，厨房没有人。厨师们会在晚些时候回来，为整个团队准备晚餐。我匆忙地在橱柜之间寻找那个储藏食品的柜子。我打开一扇橱柜门，发现里面塞满了金属盒。我靠近查看，并找到一些食物：去皮的番茄、金枪鱼、豌豆、玉米……

我一直在想：在哪里可以弄到一个装食物的小篮筐呢？我打开了所有小柜的门，但都没有找到符合心意的篮筐。正当我要离开时，我发现了它——它就挂在房门后面。虽然它有点儿旧，但我已经很满意了。我拿上这个小篮筐，并往篮筐里放了一些面包和牛奶。

“所以，如果遇到一只狼，我们能不能给它冲好的奶，让它自救呢？”

这句话一直萦绕在我的脑海中。

为了不被人发现，我以最快的速度冲向科林和阿尔努所在的棚子。

一路上，我偷偷看了一眼会议室，妈妈把所有人聚集在里面。我想象得出，她正详细叙述着我们在农场里看到的情况，并讲述她的结论。我知道，就算没有我的帮助，她也会找到一个办法来帮助这里恢复宁静。

当我进去时，小狼们正叠罗汉似的挤在一起睡觉。它们真的特别可爱，我站在那里如痴如醉地看着它们。我需要制订一个计划。我拿了一个奶瓶，把它和其他瓶子一起放进篮子里。然后，我抚摸着小狼们，也把它们抱起来放进篮子里。

“现在我们出去走一走吧……”

我朝着前一天晚上看到莉莉的方向走去。

我的计划很简单。我会沿着约翰给我指示的道路走，我知道距离不远。当找到莉莉的巢穴时，我会坐下来和小狼们一起等待莉莉现身。它应该能感觉到我们的存在，或者闻到我们的气味，然后冲向我们。这时，我会喂给它奶，也许还可以向它展示我是如何喂养它的孩子们的。之后，我们会一起回到营地。在那里，莉莉也可以照顾身体状况开始好转的马马杜。

我也不知道走了多远，只知道在某个时候我坐了下来，因为带着那么重的东西走路确实有点儿累。

我环顾四周。我是从哪条路来的？

这些树长得很像，每一棵都仿佛延伸到天空中。我试着往回走，但好像一直在同一个地方绕来绕去，周围除了树，还是树。我转过身来，开始感到害怕。

“妈妈！”我喊了起来。我的声音似乎在树木之间来回弹跳，在沿着地面打滚儿。可是，没有人回答我。

夜幕降临。我把小狼们抱出来，给它们喂了奶。然后我吃了一些面包，尽量忍着不哭出来。

“没事的……”我自言自语地说，“你们会看到我们的妈妈很快就过来。”

我待在几棵树附近。妈妈曾告诉我，在晚上，树附近是人体感觉最不冷的地方。我把小狼们放回篮子里，然后把篮子放在腿上，希望这样能让我暖和一点儿。

天色越来越暗，森林里发出的声音越来越多。好像我并不孤单，但我却不知道谁在周围陪伴着我。我一动不动地待在原地，直到一个影子在我面前来回移动。然后，另一个影子出现了。接着又有一个。我开始颤抖和哭泣。

当我听到犬吠时，我的心怦怦直跳。难道是那个农场主的猎狗来了吗？也许人们正在找我。

当我发现自己在三只咆哮的大狗面前，而它们的身旁

没有人时，我发出尖叫声。难道这就是我的命运吗……

那条最大的狗，也是唯一有项圈的狗，慢慢朝我迈出了一步。我慢慢地打开篮子，抓起吃剩下的面包，扔给了它。吃完后，它们三个全都回头盯着我。我用手在冰冷的地上摸索着，希望找到可以保护自己的东西，一根棍子或一块石头都行。但我触摸到的只有我所倚靠的那棵大树的树根。

大狗弯曲后腿，好像要朝我发起进攻。我用手捂住脸，尖叫起来。

突然，一声嚎叫传到了我的耳边。

只见两只狼出现在我面前。它们背对着我，冲着三只狗发出令人害怕的嚎叫声。

我的身后传来一阵杂音。我跳了起来。

只见一只三条腿的狼正嗅着我旁边的篮子。是莉莉！

我看着这三只狼。随后，越来越多的狼相继而来。

我简直不敢相信自己的眼睛。这群狼救了我。

我慢慢地走近篮子，打开了它。我把奶倒进一个大碗里，然后走开了。我的心似乎提到了嗓子眼儿，以至于我快要无法呼吸了。

狼们走近装满奶的大碗，然后开始喝起来。

它们喝完之后，一件不可思议的事情发生了。它们全都肚皮朝上地躺在地上，好像想玩耍的样子。之后，当莉莉舔它的孩子们时，其他狼开始在地上磨蹭自己，好像我压根儿不在场一样，尽管我离它们只有几米远。

不久之后，它们突然竖起了耳朵，紧张地站了起来。可能狼群听到了一些我无法察觉到的声音。只见它们朝一个特定的方向跑去，而莉莉则停留在那里，靠近那个篮筐。

又过了几分钟，我的心跳才慢慢平稳下来。

然后我看到了——妈妈的影子。

“妈妈！”我尖叫着跑去迎接她。

在她怀里，我泪流满面，有无数话语要从我的口中喷涌而出，以至于我竟不知该说什么好。

“对不起，我只是想……一群狼救了我……”

“什么？谁救了你？”

“是狗，妈妈，不是狼，是狗……它们很凶猛……”

“野狗？”妈妈大声问道，同时将头转向约翰。

“可是，这里没有野狗养殖场啊。”

“也许是非法的呢？”妈妈回答道。她帮我捡起篮子，并抱起小狼们。

莉莉跟着我们来到营地的入口，仿佛要重新确认孩子们的安全。

大狗带来的麻烦

妈妈很生气："说起来，你当时在想什么？你知道那样做有多危险吗？"

这像是一次严肃的审讯。那个跑到树林里寻找我，充满慈爱而又无比担心我的妈妈似乎消失得无影无踪。

"你那样做可能会发生可怕的事情！"她生气地说着，直直地盯着我的眼睛。

"对不起！我……不……"

"不要狡辩！"

"可是我想要……"

"我不想知道你要做什么。我无法静下心来工作，因为我知道，你一有机会就会给我添麻烦。"

"我喂了奶给……"我小声咕哝着。

"奶？"她问道。她睁大变得通红的眼睛，说："你想用它做什么？”

她的声音变得尖锐起来。

“我不是在跟你开玩笑！我在会议上听你说过，如果狼喝奶，会变得平静下来……这是真的！它们喝完之后，就开始玩儿……”

妈妈僵住了。她的嘴巴张得大大的。从她的表情就能看出，她简直不敢相信自己的耳朵。“你现在就要接受惩罚！给我在屋子里罚站，未经过我的允许，不准出去！”

我低着头走向自己住的房间。路过医务室的时候，我跑了进去。我只是为了和马马杜道别。

小狼睁开了眼睛。

“嘿，小家伙！你的妈妈爱你，我已经有证据了！不过我现在要走了，不然我的妈妈就不再爱我了。”

我刚回到房间，就听到门外有人敲门。约翰端着一个托盘，脸上挂着灿烂的笑容。

“妈妈还在生气吗？”我问道。

“你真是把她吓坏了……当然，还有我……”

我低着头坐在床上。

“我们发现你不在营地，就开始到处找你。然后，我们看到小狼们也消失不见了。大家都不知道你去了哪里。天正在变黑，在森林里任何事情都有可能发生……”

“我不想走远，走了一会儿我就停下来了，可是我不知道我究竟在哪里。”

“如果你没有丰富的经验，在森林里很容易失去方向。你妈妈是对的，你太冒失了，结果可能会一塌糊涂。”

“可是，她是怎么找到我的？”

约翰在我旁边坐下。“她说听到了你的声音。她靠着自己的直觉，一路向你走去。人们在生死攸关的时候，自然就会调高音量，发出的信号能响亮且清晰地传递给唯一能接收到它的人！”

一滴眼泪从我的眼眶里掉了下来。如果妈妈在场，我肯定会跑去拥抱她，并保证再也不这样做了。

“但现在，我想让你告诉我，究竟发生了什么事。”

“当时，有几只大狗来到我跟前，我确定是大狗。它们朝我疯狂地咆哮。当它们要攻击我时，狼群出现了，把那些狗吓跑了……莉莉就是狼群中的一员。我通过它的腿认出了它。”

约翰若有所思。“现在你必须跟我来！”他说着，走到门口。

“可是妈妈……”我犹豫着。

“是她让我到这里来的。”

我们对视着，笑了。

当我们进入会议室时，妈妈正坐在一张大桌子后面。她前一天曾在那里跟同事们交流过。

约翰和我走近她。妈妈和约翰给我看了一些照片。

“你能认出袭击你的那几只狗吗？”妈妈问。

“你们想让我像电影里演的那样，进行身份指证吗？”

“当然。我们必须确认它们不是狼。”

“妈妈，你相信我！是狼群保护了我。”

她把更多的照片放在了我面前。我仔细看了看。妈妈仍然保持着紧张、害怕的样子，我不想再惹她生气了。

“找到了……就是它们。”

“你确定？”

“妈妈，我知道你很生气，但事情就像你一直告诉我的那样，狼群会保卫它们的孩子……那些攻击我的动物不是狼！”

“我们必须找到这些狗！”约翰插话道。

“这些狗吓坏了鹿群，迫使鹿群迁移到了另一个地方……这就可以解释通了：为什么狼群会对农场和徒步旅行者发起进攻？因为它们在树林里找不到东西吃，饿坏了，不得不以其他方式获得食物。”

“如果它们发现自己没有鹿和驼鹿这类猎物可抓，就会尝试吃丛林里的小型动物。那些狗的出现一定在森林里造成了很大的混乱！”

妈妈站了起来，围着桌子走来走去，自言自语道：“大型动物的尸体可以满足整个狼群同时进食的需要，或者更确切地说，可以维持狼群中的等级制度，也就是能保持狼群的团结。狼群中的成员会食用同一猎物的不同部位，这一事实是具有明确含义的。进食方式决定了谁指挥、谁攻击、谁围捕，以及谁繁殖。如果它们改变饮食习惯，或者更糟的是，如果每个个体都被迫只顾自己，那么在几个月内，狼群注定要分崩离析，纪律将不复存在……”

“农场遭受的袭击就可以得到解释了。狼群的首领为了拯救它的族群，承担着巨大的风险。”

妈妈的目光落在我的身上。我知道她想和我说什么。

“可能就是大狗们的存在破坏了这里的平衡。”

寻找线索

第二天黎明时分，妈妈和约翰准备出发。不过他们并不知道该去哪里。他们会先尝试找到一些线索，好弄清楚这些狗到底是从哪里来的。

约翰联系了其他观察站的同事，但没有人给出明确的线索。然而，每个人都注意到了狼群的异常行为。此外，在某些地区，马鹿和麋鹿似乎从人间蒸发了。

在上车之前，约翰做了一件让我很感兴趣的事情。他拿了两个小项圈，戴在了科林和阿尔努的脖子上。

“马马杜很快就可以戴上它了。”他一边说着，一边摆弄着第三个项圈。

我愣了一下。

“我明白了！”我突然尖叫道。

我必须马上和妈妈谈一谈。

“妈妈！等一等！”

“怎么了？”

“项圈……”

“什么项圈？”她好奇地看着我，问。

“昨晚的大狗也戴着项圈……很大的项圈……”

“你确定吗？当时天那么黑……”

“是的，我确定，而且我之前见过它。”

妈妈和约翰交换了一下眼神。

“在昨天的农场里，有一只狗从草料仓中露出头来。它当时被拴着，戴着一个巨大的项圈。就是那种项圈。”

妈妈长长地叹了口气。

“我们再去看一看吧。”约翰说。

“我也去！”我喊道。

“不行，你的惩罚还没有结束。”

“可是，我认得那个项圈。”

“你之所以能看到那个项圈，是因为你惹上了大麻烦。”

“拜托，我们必须看到事情积极的一面，你不是总这样说嘛！”

她撇了撇嘴，打开了车门。我爬到后面的座位上，系好安全带。

我们穿越保护区，妈妈环顾着四周。在道路附近确实很难找到动物，有好几次，我们都得停下来走进树林查看。

虽然约翰知道如何行动，以及去哪里查看，但我们还是没有发现任何动物。

我们身处一片茂密又神秘的森林之中，在这里，并没有最漂亮、最有威慑力的生物，但我想起了妈妈总是对我重复的一句话：“每片森林都有生命。”

当我们到达农场时，农场主看起来对我们很反感。

“狼已经被护林员带走了。”他说。

“我们来这里是因为另一件事。我们认为有野狗在恐吓保护区里的动物。”约翰说。

“狗？有几只狗就是我的。它们帮我放羊。”

“您拴着它们吗？”

“它们不工作的时候，我就拴着它们。我不想惹麻烦！”

约翰试图走几步，但那人挡住了他的去路。

“我有很多事要做，不像你那样可以开着车四处转悠。”

我们只好回到车上，开着车离开了。

约翰建议我们在保护区外的一个小镇上停下来吃饭，顺便散散步。

“事情变得麻烦了，你们明白吗？”

我很怀疑这个农场主的做法是否正确。我们漫无目的地走着。难道他对狼、狗和其他动物一点儿都不在乎吗？

很久以后，我才意识到约翰在酝酿着一个计划。

我们在小镇上走着。那里有一条长长的步行街，到处都是商店。我看到一个旅游局，或许在那里，我们可以获得关于这个保护区的更多信息。约翰向我解释说，那个旅游局通常是人们开始短途旅行的“起点”，我也可以从那里进入森林，还可以用质量好一点的双筒望远镜看到一些这里特有的鸟类。

“这些游客都有导游寸步不离的陪同。”他继续说。

“你们就不担心人们会惊吓到动物吗？”

他冲我笑了笑，说：“不错！看来你现在已经了解我们的工作精神了。我们甚至不希望游客留下食物和塑料垃圾。”

我看了看四周，这里确实有很多人。有一些体形较胖的男人戴着棒球帽，穿着短裤和短袖T恤衫，正拉着身后吵吵嚷嚷的孩子们，一起向前走着。

在保护区待了几天后，我竟然忘记了还有这样混乱嘈杂的场景。保护区里的一切活动都是跟随大自然的节奏进行的：太阳下山后就睡觉，太阳升起时就起床，只吃健康的应季食物，走路也是默默地走着。保护和尊重自然是我们要遵守的基本原则。

当看到约翰走进一家快餐店时，我犹豫地看了妈妈一眼。她耸了耸肩，扶着门让我进去。

炸薯条的味道立刻让我的肚子咕咕叫起来。我们找了一张桌子，点了三个双倍分量的三明治，还配着充足的番

茄酱和苏打水。

约翰真的很可爱。他向我们讲述了他的生活：在职业生涯的初期，他是如何决定成为一群狼中的一员，并跟它们一起生活了几个月的。

“什么？一群狼，真的吗？”

“当然。我花了很长一段时间才被狼群接纳。我在树林里度过了四个星期，日夜坚守，最后才成功。”

“四个星期？那你是怎么吃饭或洗漱的？你睡在哪里？”我问。这真是一个令人难以置信的故事。我感觉我问的这些问题都很荒谬。

“我以前对圈养的狼做过一些训练。在你所看到的围栏里，有我们收留的从偷猎者手中救下来的狼。我会站在角落里，等着它们主动靠近我。在我失去‘人类的气味’之前，我什么也做不了。”

“气味？”

“是的。要想接近狼，你就不能有任何香水之类的气味。”

“那你是怎么做到的？”

“首先，你要用无味的清洁剂清洗身子，剩下的就交给大自然吧！”

我呆若木鸡。因为我想到自己很喜欢在一团香香的泡沫中洗澡。

“你成功了吗？”

“狼最重视的事情之一，就是填补狼群中的空缺。狼群中成员的数量非常重要，尤其是对维护领地而言。因此，当出现空缺时，狼群就会去寻找独狼来填补那个位置。”

“它们把你当成了独狼？”我睁大了眼睛，问道。

“这并不容易，不过，我最终还是赢得了它们的信任。”

约翰向我讲述了他是如何设法接近它们、如何应对风雨和夜晚的寒冷，以及如何寻找食物和保护自己的。

我痴迷地听着。

妈妈打断了我们：“该走了……”

我看了看外面，简直不敢相信自己的眼睛。太阳马上就要落山了。看着墙上的时钟，我甚至没有意识到，我们已经在快餐店待了至少两个小时。

“你们是在哪儿认识的？”我在去取车的路上问妈妈。

“我是在纽约进修动物行为学时认识他的。”她说。

我们上了车，重新回到保护区。

其实我不认得回去的路，直到我看到远处熟悉的农场。

约翰关掉了汽车引擎，妈妈也什么都没问。

似乎只有我一个人不明白现在的状况。夜幕慢慢降临，我们为什么停在了这里，远远地看着农场？

几辆车从我们旁边驶过。他们的车灯在后视镜中闪烁一会儿后，慢慢远去，变成了红点，飘向了农场主的房子。

“好像有一场派对。”妈妈喃喃自语道。

“一定很热闹。”约翰说。

我还是不明白。

从我们身边疾驰而过的汽车消失了，农场前的空地上停满了车，那感觉就像高峰时段的市中心停车场。

约翰启动引擎，慢慢向前驶去。

“别离开这儿，待在车上！”妈妈下车前告诉我。

我从两个座位之间探出头，看着他们向房子走去。妈妈拿着手机，约翰拿着手电筒。

我忍不住也跳下车。周围的一切都是黑漆漆的，我的膝盖不禁颤抖起来。我开始向一束看起来像约翰的手电筒发出的光跑去，但不一会儿，我就跟丢了。我停下脚步，环顾四周。没有妈妈和约翰的踪迹。于是，我向发出亮光的房子走去，走向那个拴着大狗的棚子。周围一片寂静。也许它在睡觉？我倒是希望它沉沉地睡着。我一点儿也不喜欢在它面前待着。

我在车辆之间穿行，在靠近房子的地方四处走动着，希望能见到妈妈。透过一扇小窗户，我可以看到一间地下室，那里有光线。我往里看了一眼，瞬间屏住了呼吸。

营救妈妈

我立马跑回车上。我必须打电话求助。但是妈妈和约翰把手机带走了。我不知该如何是好。

我调整了一下呼吸，向前走了几步。慢慢地，我习惯了黑暗。这时，我看到一盏灯亮了，然后又灭了。那是一辆离我不远、正行驶着的汽车。现在我知道该往哪儿走了。

我跑到马路上，等待车的到来。我站在道路中央挥舞着双手，一切进展得很顺利。汽车突然刹车，车头扭向了一边。

一个男人下了车，用法语说了些什么。看样子，他因为差点儿撞到我而吓了一跳。

“我需要帮助……请报警。我妈妈有危险！”我恳求道。

那位先生看向车里的妻子，似乎希望她能听懂我在说什么。

我用英语说："救救我！找警察！"他们肯定能听懂。

女士立刻拿起电话报了警。

与此同时，那个男人对我说了一些我听不懂的话，然后打开车门，示意我上车。

过了一会儿，一辆警车来了。我知道我很难让他们听懂我说的话，于是我抓住一位警察的手，把他拉向农场。我希望自己能记得那条路。但是，事与愿违。

我摇了摇头，眼里含着泪水，抽泣着说："我不知道我妈妈在哪里。"

警察把手放到我的肩膀上，好像在安慰我。

我感到很迷茫，但我不能回头，必须继续前进。我希望我能得到一些运气。

当看到远处农场里的灯光时，我开始奔跑，警察紧跟着我。

空地上仍然挤满了汽车。我转头看向两位警察，他们脸上露出惊讶的表情。他们没想到这个地方会聚集这么多人。

"他们绑架了我妈妈！我妈妈就在那里面！"我用英语说道，希望他们能听懂。

就在这时，一声狗叫引起了他们的注意。那痛苦的尖叫声在黑夜中回荡着。

其中一位警察向他的同事吩咐了一些事情，然后他的

POLICE

同事拿起了电话。我确信他在请求增援。

他们把我带到两辆大车之间，示意我不要出声。

当他们走近农场时，我愣在原地，只希望妈妈和约翰不要有事。

我的心怦怦直跳，泪水顺着脸颊流了下来。“求你了，妈妈，回到我身边！”我祈祷着，害怕地眯着眼睛。

一阵喧闹声让我再次睁开了双眼。数十名男子从农场里跑了出来，警察们借助警车耀眼的灯光追捕他们。我环顾四周，哪儿都看不到妈妈和约翰。于是，我跑进了农场。我气喘吁吁地下了楼梯，终于看到了他们。

妈妈正在按摩她的手腕，约翰正在擦拭他头上的一个小伤口。

“亲爱的，我告诉过你不要下车！”妈妈一边说，一边紧紧地抱住我。

警察转过身来向妈妈解释发生了什么事。

她惊讶地看着我，问道：“真的吗？是你报的警？”她的声音里带着哽咽。她单腿跪下，把我搂得更紧了。“对不起，我的宝贝。我不想让你受到惊吓，也不想让你陷入危险……你很勇敢。”

我们一直待在那里，直到妈妈和约翰做完笔录。

原来事情是这样的。

下车后，他们两人听到狗叫声，还有唆使狗相互打架

的声音，于是走近农场。但是没等他们报警，就有人击中了约翰的头部，还有人把妈妈按倒在地。之后，那帮人把约翰和妈妈拖进地下室，绑在了椅子上。

当我望向屋里时，妈妈和约翰已经被绑在椅子上了。

当妈妈和约翰讲述事情的经过时，另外两位警察以涉嫌秘密组织斗狗为由将农场主带走了。这个农场主经常让狗在狼群的领地里为所欲为，训练自己的狗无所畏惧地进行攻击。

我在前一天晚上见到那些狗时，也许那个农场主就离我不远。

想到这里，我打了个寒战，明白了为什么有些狼会害怕人类。动物通常不会无缘由地向人类发起进攻。在那个农场里发生的事情确实很可怕——那些成年男子聚集起来斗狗，并对哪条狗能获胜进行押注。

现在，那些狗都被关进了笼子。

“等一等！”约翰说，“我可以将这些狗带回我们的营地。我们会照顾它们。”

警察犹豫不决。约翰立刻出示了他的证件，警察同意了。

于是，我们五个人一起上了车。

那条戴着项圈的狗，现在就在我旁边的座位上大吼大叫。

约翰递给我一些肉干，这是为受伤或感到饥饿的动物准备的。我把一块肉干放在笼子的栏杆之间，递给我的新朋友。它闻了闻，开始舔那块肉干和我的手。

妈妈看着我。她在微笑，我也在微笑。

凯旋

我们回来时已是深夜。我在车里睡着了，不知道他们是什么时候把我放到床上的。第二天，大家把我们当成了英雄。

太阳高高地挂在空中，会议室里挤满了欢呼的人。

我们阻止了这场人类对动物的虐待。

妈妈说：“在那个农场里，秘密的斗狗活动已经持续了好几个月。为了唤起这些狗的攻击性，它们经常被禁食数天，然后被放进树林里，这样它们就敢与狼相斗，以鹿为食了。这也解释了为什么食物链底端的猎物会大规模消失，以及随之而来的生态失衡，这些都导致狼不得不靠近人类的居住地。我们在农场发现的狼就是因为与人类离得太近，才被人杀死了。现在，我们已经控制了这些狗。虽然它们受到了严重创伤，但通过我们的照顾，相信它们能恢复健康。”

“你们真的被他们绑架了吗？”有人问道。

妈妈咳嗽了一声。我马上猜到她并不想谈论这件事。

约翰继续说：“我们觉得很奇怪，大半夜竟然有这么多来访者，然后我们就看到了正在发生的事情。”

他停了下来，看了看我妈妈，然后走到我身边，举起我的胳膊。

“当我们陷入危险时，是这个勇敢的小家伙救了我们！”

一股暖意向我袭来。这个男人紧紧地握住了我的手，在场的人又是鼓掌，又是吹口哨，就好像在音乐会上一样。

我也充满自豪感。

过了一会儿，趁着妈妈解答大家的问题，我偷偷溜走了。

我非常想见到马马杜。我匆忙跑进医务室，走到它的保温箱前。我的心怦怦直跳。

保温箱是空的。

我四处查看着，翻找了这个房间的角角落落。我无法接受这件事——我可能失去了宝贵的朋友。

我走出去，开始在医务室周围寻找。我不敢向约翰询问发生了什么，宁愿继续寻找马马杜，自欺欺人地认为自己能找到它。但是毫无结果。然后，我坐在一块大石头上，

等待会议结束。

当约翰走出来时，他看到了我。

“嘿，孩子，你偷偷溜走是对的，”他一边说着，一边向我走了过来，“他们是不会停止提问的。”当他与我对视时，脸上的表情变了。

“马马杜……”我低声自语，摇了摇头。

约翰看到我身后医务室的门是敞开的，就猜到我是从那里出来的。他虽然把手放在我的肩膀上，但似乎并不想安慰我。他让我起来，跟着他走。我们一直走到棚子里。

小狼们正一个挨一个地躺在箱子里。

一共有三只。

团聚

我们在加拿大度过了一段美好的时光，妈妈也终于放松了一点。

我们和约翰一起出去旅行了几次，这样可以更好地了解这片奇妙的土地。

在剩余的时间里，我每天都会照顾小狼，确保马马杜按时吃饭，同时不能让它因贪玩而过于劳累。

返回意大利的时间很快就要到了，而在返程的前一天晚上发生了一件事情。

当有人敲门时，我们已经关了灯。是约翰。

“你们跟我来，是时候了……”

妈妈和我穿上鞋子，套上毛衣，跟着他走了出去。

天黑了，约翰手里拿着的火把和天上的月光照亮了前方的路。

我们走近棚子，看到门是敞开的。有那么一会儿，我以为小狼们出事了。

约翰说：“我们就坐在这里吧！”他让我们在几块大石头旁边坐下。

“这是怎么回事？”我问。

“嘘——”他让我别出声。

几分钟过去了。月亮在天上发出清亮的光，仿佛是天空的女王。

然后，一阵噪声传来。

又是一阵噪声。

有人走近，但好像又不是人。

约翰握紧我的手。

莉莉一瘸一拐地出现在离我们几米远的地方。它慢慢地移动着，不断地闻着空气中的气味。它来到小屋门口，停了下来。

我站起身来想看得更清楚些。

这一切就像一场魔术一样。

三只小狼溜了出来。一只跟着一只，绕着它们的妈妈跑来跑去。

我目瞪口呆。

莉莉把鼻子靠在它们的头上，好像在清点孩子们的数量。然后它转向树林，小家伙们跟在它后面跑走了。

“再见了，小狼们。”我低声说，“你们终于可以和妈妈待在一起了。”

未来可期

行李都收拾好了。约翰把车停在我们的小屋附近，便于我们装行李。

妈妈和我向所有人告别，包括研究人员、厨师和兽医。

我们上了车，向机场驶去。

“你还没有给我讲完你是如何让狼群接纳你的。”我对约翰说。

“我模仿狼嚎。”

“什么？”

“我曾试图改变我的生活习惯。例如，我在白天睡觉，在黄昏时保持清醒，因为这是狼开始活动的时候。如果我想发出信号，那必须确保有狼能够接收到。第一次什么都没发生，森林里一如既往地安静。可是在第二天，当我在水边喝水时，一群狼包围了我。它们没有靠近，只是在原地站了一会儿，观察着我，然后离开了。那天晚上，我又开始‘嚎叫’，一声接着一声。虽然依然没有回应，但第三天，它们又都回来了。我意识到它们并没有走远。到了第三天晚上，不可思议的事情发生了……”

“什么？”

“它们回应了我。”

“真是不可思议！”我惊叹道。

我指的不仅仅是约翰刚才告诉我的事情，也包括之前我所经历的一切。我以前可是连小红帽的故事都不知道。

现在，我认为自己很幸运了。

我们到了机场，约翰陪我们走到办理登机手续的柜台前，拥抱了妈妈，然后转向我。

“希望我们很快就能再见面。”

“我也是！我长大后想成为一名研究狼的专家。”

“那你就和你妈妈一样厉害了。”

“像她？那太困难了，没有人能超越她！”

当我们走到登机口时，我抓住了妈妈的手。

“怎么了？”她问。

“有件事我不明白。”

“什么事？”

“那个戴着小红帽的女孩到底是谁？”

妈妈愣住了，然后大笑起来。